# OBSTBÄUME

Servus

Das große kleine Buch

Elke Papouschek

# OBSTBÄUME

in unserem Garten

# *Inhalt*

# *Einleitung*

***Apfel, Kirsche, Zwetschke – jeder findet sein Lieblingsobst. Frisch vom Baum gegessen, besticht es durch köstliches Aroma, eine Vielzahl an wertvollen Inhaltsstoffen und den denkbar kürzesten Transportweg – von der Hand in den Mund. Es ist also auf jeden Fall empfehlenswert, Obstbäume im eigenen Garten zu pflanzen. Werden für den jeweiligen Standort geeignete Sorten verwendet und die wichtigsten Pflegehinweise beachtet, dann kann man schon bald herrlich gschmackige Früchte genießen.***

Unsere Obstbäume verdanken wir einer langen Kulturgeschichte. Sie waren und sind ein prägender Bestandteil von Gärten, Streuobstwiesen und Alleen und damit charakteristisch für unsere Kulturlandschaft. Diesen Schatz gilt es zu wahren, denn ein alter Obstbaum ist eine wertvolle Welt für sich. Seine Krone beschenkt uns nicht nur mit Früchten, sie bietet auch Lebensraum und Nahrung für Vögel, in den Spalten seiner Rinde leben Moose, Flechten, Käfer sowie andere

Insekten, und in Asthöhlen finden Fledermäuse und Vögel Unterschlupf.

Egal, ob neue Züchtung, geliebter Klassiker oder Wiederentdeckung – unsere Obstbäume verführen heute wie damals mit Geschmack, Farbe, Duft und einer Vielfalt an Sorten und kulinarischen Verwendungsmöglichkeiten. Dabei ist die Größe des Gartens nicht mehr der entscheidende Faktor für die eigene Obsternte: Die Züchtung von kompakten, kleinkronigen Obstgehölzen kommt sowohl den immer knapper bemessenen Gartengrundstücken als auch dem Wunsch nach einer einfachen Ernte entgegen, und kleine Säulenbäumchen finden auch auf einem Balkon Platz.

# *Gut gepflanzt ist halb gewonnen*

Obstbäume brauchen genügend Platz, um sich gesund entwickeln zu können. Doch es gibt für alle Gartengrößen eine geeignete Wuchsform. Die Baumgröße muss vor dem Kauf standortabhängig überlegt werden. Bei einem **Hochstamm** liegt der Kronenansatz bei über 160 cm. Ein solcher Obstbaum eignet sich nur für sehr große Gärten, der Pflanzabstand zum nächsten Baum oder zum Haus muss acht bis zehn Meter betragen. Von Vorteil: Der Raum unter der Krone lässt sich als Sitzplatz nutzen. Der **Halbstamm** ist eine mittelgroße Baumform, sein Kronenansatz liegt bei 120 bis 160 cm. **Buschbaum** und **Spindelbusch** sind mit einem Kronenansatz bei 40 bis 60 cm ideale Baumformen für kleine Gärten, hier kann man sogar ohne Leiter ernten. Ein Abstand von zwei bis drei Metern für Spindeln und vier Metern für Buschbäume reicht völlig aus. Mit ganz wenig Platz kommen die zwar kurzlebigen, aber sehr früh tragenden **Säulenbäumchen** aus – sie tragen ihre Früchte direkt am Stamm, müssen nicht geschnitten werden und brauchen nur einen Dreivier-

telmeter Abstand zum nächsten Baum. Säulenobst eignet sich auch gut für eine Pflanzung im Kübel, wenn dieser mindestens 30 Liter Fassungsvermögen hat. Säulenapfelbäumchen sind unter der Bezeichnung »Ballerinas« bekannt und tragen schon im zweiten Jahr nach der Pflanzung Früchte.

## *Wann pflanzen?*

Wurzelnackte Obstgehölze, also Bäume ohne Ballen, werden ohnehin nur im Herbst angeboten. Getopfte Bäume kann man auch im Frühling setzen. Die Herbstpflanzung im Oktober und November ist aber generell zu bevorzugen. Nur auf sehr schweren, nassen Böden und in extremen Frostlagen pflanzt man besser im Frühjahr.

## *Wie pflanzen?*

Das Pflanzloch wird in etwa der doppelten Größe des Wurzelballens gegraben. Zur Aushuberde mischt man gute Gartenerde oder sehr reifen Kompost. Noch vor der Pflanzung wird auf der dem Wind zugewandten Seite ein Stützpfahl eingeschlagen. Die verdickte Veredlungsstelle des Baumes muss auf jeden Fall über dem Erdniveau liegen, sonst treibt die Unterlage aus. Der Baum sollte nach dem Pflanzen nicht

tiefer oder höher stehen, als er in der Baumschule gestanden hat. Bei Bedarf schützt ein engmaschiges Hasengitter, das in der Pflanzgrube ausgelegt und um den Wurzelballen gehüllt wird, vor Wühlmausfraß. Nach dem Einpflanzen die Erde festtreten, den Baum gut eingießen und den Baumstamm mit einem breiten Band oder Kokosstrick mit dem Pfahl verbinden.

Der Pflanzschnitt zum Abschluss ist besonders wichtig: Er ist die Grundlage für die künftige Kronenentwicklung und regt die Verzweigung der Äste an.

## *Baumscheiben anlegen*

Junge Obstbäume können durch die Anlage einer Baumscheibe unterstützt werden. Dazu hält man die ersten drei Jahre einen runden Bereich, der etwa dem Ausmaß der Krone entspricht, von Bewuchs frei und mulcht mit Rasen- und Wiesenschnitt. Danach werden Pflanzen gesetzt, die dem Baum Gutes tun: Kapuzinerkresse wirkt vorbeugend gegen Blatt- und Blutläuse, Studentenblumen halten Nematoden und Lauchgewächse Pilzinfektionen fern. Leguminosen wie Klee reichern den Boden auf natürliche Weise mit Stickstoff an.

**Was ist eine Unterlage?**

*Obstsorten werden auf Unterlagen veredelt, die später die Wurzeln des Obstbaumes ausbilden. Durch die Wahl einer schwach oder stark wachsenden Unterlage lässt sich das künftige Wachstum des Baumes beeinflussen. Im Hausgarten sind schwach wachsende Unterlagen sinnvoll.*

# Pflegende Handgriffe

Alle Maßnahmen, die zur Gesundheit des Obstbaumes beitragen, bilden den besten vorbeugenden Schutz gegen Krankheiten und Schädlinge. Die Wahl der passenden Sorte für den Standort, eine gute Schnittpflege und das Fördern von Nützlingen im Garten sind die Grundpfeiler dieser Vorsorge.

## *Nicht überfüttern*

Obstbäume müssen normalerweise nicht gedüngt werden, das Ausbringen von gut verrottetem Kompost im Frühjahr tut ihnen aber gut. Überdüngung macht die Bäume jedoch anfällig für Krankheiten und verhindert das Ausreifen des Holzes vor dem Winter. In Töpfen und Trögen gezogene Obstbäume brauchen aufgrund des geringen Erdvolumens aber mehr von allem: Sie müssen während der Vegetationszeit regelmäßig gegossen und mit Kompost, Hornspänen oder einem anderen organischen Langzeitdünger versorgt werden.

## *Weniger ist mehr*

Wichtig für eine gute Ernte bei Äpfeln, Birnen, Marillen und Zwetschken ist das Ausdünnen. Oft setzen Obstbäume mehr Früchte an, als sie später ernähren können. Die Früchte bleiben klein und reifen nicht optimal aus. Dazu kommt, dass zu Ertragsschwankungen neigende Sorten im Jahr darauf nur sehr wenig oder gar nicht tragen. Daher ist es empfehlenswert, bei Überbehang die kleineren und auch alle zu dicht stehenden oder beschädigten Früchte auszubrechen. Der Abstand zwischen den verbleibenden Früchten sollte etwa zweimal die Fruchtgröße betragen.

**Was bedeutet Alternanz?**

*Obstbäume können im zweijährlichen Rhythmus zu starken Schwankungen im Fruchtertrag neigen. Sie tragen dann in einem Jahr überreich und im darauffolgenden gar nicht oder nur sehr wenig.*

## *Wasserschosser entfernen*

Wasserschosser sind einjährige Triebe, die am mehrjährigen Holz aus schlafenden Augen austreiben, aber keine Früchte tragen, und deswegen entfernt werden sollten. Man erkennt sie am steil aufrechten, kräftigen Wuchs. Schneidet man die Schosser erst im Winter weg, haben sich an der Basis bereits zwei weitere Holzknospen gebildet, die daraufhin austreiben können. Für einen entfernten Wasserschosser kommen so oft zwei neue nach. Besser ist es, sie beim sogenannten »Juniriss« (bis etwa Johanni, 24. Juni) händisch abzureißen, bevor sich neue Holzknospen bilden. Gerissene raue Wunden verheilen übrigens schneller als geschnittene glatte. Wurde ein Baum über lange Zeit nicht geschnitten, darf man aber nicht alle Wasserschosser gleichzeitig entfernen, denn das führt zu einer starken Schwächung des Baumes, auf die er mit neuerlichem starken Wachstum reagiert. Nur durch regelmäßiges Entfernen über die Jahre lässt sich sein Wachstum beruhigen.

## *Leimringe anbringen*

Die Raupen des Frostspanners, einem graubraunen Falter, können im Frühjahr ganze Obstbäume kahlfressen. Ab Ende September kriechen die flugunfähigen Weibchen am Baumstamm in die Krone hinauf, um ihre Eier abzulegen. Zum Schutz vor ihnen werden im September um die Stämme der Obstbäume in circa eineinhalb Metern Höhe im Handel erhältliche Leimringe angebracht, an denen die Frostspannerweibchen kleben bleiben. Die Leimringe müssen dicht und faltenfrei am Stamm anliegen, damit keine Schlupflöcher entstehen. Man belässt sie bis Anfang Dezember an den Bäumen. Dann werden sie entfernt, damit sie im Frühling nicht zur tödlichen Falle für andere Insekten werden.

## *Stammanstrich gegen Frostschäden*

Wenn die Wintersonne Baumstämme kräftig erwärmt, ehe nachts der Frost kommt, können durch die großen Temperaturunterschiede Frostrisse entstehen. Ein Kalkanstrich im Spätherbst bis zum Kronenansatz reflektiert die Sonnenstrahlen und beugt dadurch starker Erwärmung und späteren Rissen vor. Die spezielle Farbe ist im Fachhandel erhältlich, lässt sich aber auch selbst herstellen: Einen Teil Tonmehl und einen Teil Algenkalk mit Schachtelhalmbrühe – sie stärkt die Bäume vorbeugend gegen Pilzerkrankungen – anrühren, bis ein sämiger Brei entsteht. 24 Stunden ruhen lassen und mit einem dicken Pinsel auf die Baumstämme auftragen, die man zuvor mit einer groben Bürste gereinigt hat.

# Schnitt für Schnitt

Soll ein Obstbaum viele Früchte tragen, braucht er einen regelmäßigen Schnitt. Dadurch können Baumgesundheit und Fruchtbehang positiv beeinflusst werden. Nicht geschnittene Bäume wachsen mit der Zeit zu dicht, es kommt zu wenig Licht in die Krone und die Blätter können bei Regen nicht schnell genug abtrocknen, was auch die Anfälligkeit für Pilzerkrankungen erhöht. Werden Obstbäume gar nicht geschnitten, »vergreisen« sie früher, die Ernte bleibt aus.

Der Pflanzschnitt gibt dem Baum die erste Form. Es folgt der Erziehungsschnitt für den Aufbau der Kronenform: Die Leitäste werden um ein Drittel bis maximal die Hälfte auf ein außen liegendes Auge zurückgeschnitten; Konkurrenztriebe und nach innen wachsende Triebe entfernt. Beim Erhaltungsschnitt in den folgenden Jahren wird zu dichtes und abgetragenes Fruchtholz ausgelichtet, um die jungen Fruchtruten zu fördern.

## *Ein später Schnitt bremst das Wachstum*

Wenn die Obstbäume ohne Blätter dastehen, ist das Kronengerüst des Baumes gut sichtbar, und an trockenen, frostfreien Tagen ist der richtige Zeitpunkt für den Schnitt gekommen. Schwachwüchsige Bäume schneidet man im frühen Winter, wenn alle Reservestoffe noch in den Wurzeln des Baumes eingelagert sind, um sie nicht zu schwächen. Starkwüchsige Obstbäume schneidet man erst später, im März, dann stehen die Zweige schon »im Saft«. Man nimmt dem Baum damit bewusst Kraft weg, damit er weniger stark austreibt und seine Energie stattdessen in die Bildung von Fruchtholz legt. Ein zusätzlicher Trick: Steil wachsende Äste bringen neues Astwerk hervor, flach wachsende bilden Fruchtholz aus. Beim Schnitt werden deshalb die sehr steil stehenden Triebe entfernt. Einzelne Äste lassen sich durch Abspreizen oder Beschweren mit Gewichten in die Waagrechte bringen. Auch mit einem Schnitt im Juli und August fördert man die Blütenknospen, erreicht eine Wachstumsschwächung bei »triebigen« Bäumen und eine bessere Wundheilung.

## *Eine lockere Krone fördern*

Schnittziel ist es, einen lockeren Kronenaufbau zu erhalten. Auch ins Innere der Baumkrone soll genügend Sonne kommen, um die Bildung und das Ausreifen von Früchten möglich zu machen. Deshalb entfernt man beim Schnitt nach innen wachsende Triebe und schneidet sie so, dass die oberste Knospe immer nach außen zeigt.

Eine alte Gärtneregel besagt: »Nach dem Schnitt soll die Baumkrone so locker aufgebaut sein, dass man einen Hut durchwerfen kann.«

**Der wichtigste Schnitt**

*Der Pflanzschnitt erfolgt unmittelbar nach der Pflanzung. Der Baum wird dabei auf einen Mitteltrieb und drei bis vier Leittriebe geschnitten. Konkurrenztriebe stehen im Wettbewerb zum Mitteltrieb und werden am Ansatz entfernt. Leittriebe werden um die Hälfte bis zwei Drittel auf ein Außenauge eingekürzt.*

# Äpfel

# *Äpfel, ein Stück vom Paradies*

*»Über Rosen lässt sich dichten, in die Äpfel muss man beißen.«*
Johann Wolfgang von Goethe

## *Eine kurze Kulturgeschichte*

Goldgelb oder dunkelrot, marmoriert oder geflammt – die reiche Fülle unserer Apfelsorten verdanken wir einer langen Kulturgeschichte. Bereits im 6. Jahrhundert v. Chr. war der Apfelanbau in Persien hoch entwickelt und breitete sich von dort entlang der Handelsstraßen nach Europa aus. Die Römer waren es, die einst veredelte Apfelbäume über die Alpen zu uns brachten. Bald entstand eine Vielfalt an Apfelsorten, für deren Vermehrung Veredler sorgten, die von Dorf zu Dorf zogen. Der Apfel ist ein Sinnbild für das Paradies und die Verführung und spielt in Erzählungen, Mythen, Gedichten und Redensarten aller Herren Länder eine zentrale Rolle, ob es nun ein vergifteter Apfel im Märchen Schneewittchen oder

der Apfelschuss in der Sage von Wilhelm Tell ist. Mit dem Pflanzen eines Apfelbaumes können wir uns immer noch ein Stück vom Paradies in unsere Gärten holen.

## *Boden, Standort & Kultur*

Apfelbäume haben ein flaches Wurzelsystem. Sie brauchen humose, lockere, nährstoffreiche Böden mit guter Wasserversorgung. Extreme Trockenheit oder Staunässe vertragen sie nicht gut, hier braucht es eine zusätzliche Bewässerung oder Drainagierung. Dem Klima gegenüber sind Apfelbäume sehr anpassungsfähig. Sie haben geringe Wärmeansprüche, sind gut frosthart und auch wenig anfällig für Spätfröste. Wurmige Äpfel werden vom Apfelwickler verursacht. Die Borke älterer Obstbäume bietet ihm ein perfektes Winterquartier. Bereits im Winter und Frühjahr sollte man daher die Baumstämme auf überwinternde verpuppte Larven untersuchen. Zusätzlich hat sich der Einsatz von Wellpappe-Fanggürteln als umweltschonende Maßnahme bewährt: Ende Juni werden 10 cm breite Streifen aus Wellkarton etwa 30 bis 50 cm über dem Boden fest um den Baumstamm gebunden. Die Raupen verkriechen sich darin, um sich zu verpuppen. Ab Ende September werden die Streifen mitsamt den darin eingenisteten Raupen entfernt.

## *Für eine gute Ernte*

Alle Apfelsorten sind zwar selbststeril, brauchen also eine Befruchtersorte, im Hausgarten ist das aber meist kein Problem. Bei den vielen Pollen, die im Frühling durch die Luft fliegen, ist fast immer etwas Passendes dabei. Wer aber unbedingt auf Nummer sicher gehen will, pflanzt in der Nähe als Befruchtungspartner eine zweite Apfelsorte. Auch Zieräpfel eignen sich dafür. Manche Apfelsorten sind triploid, das heißt, ihre Zellen haben eine erhöhte Chromosomenzahl. Dadurch entwickeln sie schlecht keimfähige, nicht befruchtungsfähige Pollen. Dazu gehören zum Beispiel die Sorten Gravensteiner, Bohnapfel, Boskoop, Jonagold, Jakob Lebel und Mutsu. Sie kommen als Pollenspender für andere Apfelbäume nicht infrage.

## *Sortenwahl & Sortentipps*

Etwas Zeit und Information in die Wahl einer Apfelsorte zu investieren, lohnt sich vielfach: Passt der Standort, bleibt der Baum gesund und der Pflegeaufwand gering. Weltweit gibt es inzwischen schätzungsweise 100 000 Apfelsorten. Die Auswahl hängt entscheidend von Klima, Boden und individuellem Geschmack ab. Dass nur »alte« Apfelsorten gut sind, lässt sich nicht pauschal sagen. Auch unter den neuen gibt es robuste, resistente und trotzdem geschmacklich gute Sorten. Äpfel werden nach ihrer Reifezeit eingeteilt: Sommeräpfel (S) sind ab Ende Juli pflück- und genussreif, Herbstäpfel (H) ab September. Winteräpfel (W) sind ab Oktober pflückreif und müssen mindestens zwei Monate lagern, ehe sie gegessen werden.

### Pflückreife und Genussreife

*Bei Birnen und Äpfeln wird zwischen Pflück- und Genussreife unterschieden. Bei einigen Sorten ist das nicht zeitgleich der Fall, das heißt, die Früchte können nicht vom Baum gegessen werden – sie lassen sich zwar leicht pflücken, sind aber noch hart und geschmacksarm. Diese Sorten müssen einige Tage bis Wochen lagern, bis sie reif werden und ihr volles Aroma entwickeln.*

### *Cox Orange oder Cox Orangenrenette (H)*

Grünlichgelb-orangerote, leicht berostete Früchte; saftig, süß-säuerlich, stark gewürzt und duftend; etwas anfällig für Schorf und Mehltau

### *Danziger Kantapfel (H)*

Rote, süß-säuerliche Früchte; sehr gut für Saft geeignet; gedeiht in allen Lagen, robust und starkwüchsig

### *Gravensteiner (H)*

Gelbe, sonnseits rot gestreifte Früchte; saftig, süß-säuerlich, stark gewürzt, duftend; Bodenfeuchte auch im Sommer notwendig, Neigung zur Alternanz

### *James Grieve (H)*

Gelbe, sonnseits rötliche Früchte; saftig, säuerlich-süß, gute Würze; braucht eher feuchte Böden, auch für Höhenlagen geeignet

### *Kronprinz Rudolf (H)*

Früchte grüngelb, sonnseits rot verwaschen; sehr saftig, fein gewürzt, erfrischend säuerlich; gedeiht auch in Höhenlagen, etwas anfällig für Schorf

### *Pfirsichroter Sommerapfel (S)*

Früchte gelblichweiß mit schöner Rötung; saftig mit milder Säure und rosenartiger Würze; stark wachsend, auch für Höhenlagen geeignet

### *Roter Bellefleur (W)*

Rotgelb gestreifte Früchte; saftig, mild süß-säuerlich; starkwüchsig, auch für Höhenlagen geeignet

### *Roter Berlepsch (W)*

Gelbe, rotbackige und berostete Früchte; knackig, feinsäuerlich, sehr aromatisch; nicht für raue, kalte Lagen geeignet, starkwüchsig und robust

### *Roter Boskoop (W)*

Früchte grünlichgelb mit roter Deckfarbe, berostet; erfrischend süß-säuerliches, feines Aroma; etwas schorf- und stippeanfällig, Neigung zur Alternanz

### *Schöner aus Bath (S)*

Früchte gelbrot gestreift; saftig, würzig mit säuerlicher Note und kräftigem Duft; für Spätfrostlagen günstig, weil sehr spät blühend, robust und sehr windfest

### *Steirischer Maschanzker (W)*

Früchte goldgelb gefärbt; saftig, süß mit angenehmer Würze; braucht gute, keinesfalls schwere Böden, gedeiht bis in mittlere Höhenlagen

### *Topaz (H)*

Gelborange Früchte mit roten Streifen; saftig, süß-säuerlich; gedeiht in allen Lagen, sehr gut schorfresistent

### *Weißer Klarapfel (S)*

Gelblichweiße Früchte; saftig, erfrischend feinsäuerlich, bei Überreife mehlig; robust und frosthart

## *Ernten & Lagern*

Die Pflückreife von Äpfeln erfordert Beobachtung und ein wenig Fingerspitzengefühl. Wenn sich der Fruchtstiel durch leichten Druck mit dem Finger von seinem Ansatz am Ast löst und der Grünanteil aus der Fruchtfarbe schwindet, sind das gute Hinweise.

Eingelagert werden nur einwandfreie Früchte ohne Druckstellen und Verletzungen. Der Lagerraum sollte eine Luftfeuchtigkeit von 85–90 % und eine Temperatur von 4–5 °C haben, ein Erdkeller ist ideal. Die gelagerten Äpfel werden mindestens einmal pro Woche kontrolliert und der Raum muss gelüftet werden. Äpfel verströmen das Reifegas Ethylen, das andere Früchte und Gemüse zu schnellerem Reifen bringt und deren Haltbarkeit verkürzt. Sie sollten daher in einem eigenen Raum oder in großem Abstand zu anderem Obst und Gemüse gelagert werden. Ist das nicht möglich, hilft das Abdecken der Äpfel mit einer Kunststofffolie.

Birnen

# Birnen, die feinen Schwestern

*»Sitzen die Birnen fest am Stiel,*
*bringt der Winter Kälte viel.«*

*»Die erste Birn' bringt Margaret (15.07.),*
*darauf überall die Ernte angeht.«*

## Eine kurze Kulturgeschichte

Auch Birnen sind ein Kulturbegleiter des Menschen. Schon in der Jungsteinzeit sammelte man die Früchte der Wildform. Zusammen mit vielen anderen Nutzpflanzen gelangten die Birnen vom Nahen Osten über die Türkei bis ins antike Rom und von dort weiter nach Mitteleuropa. Trotz aller Bemühungen war das Fruchtfleisch damals steinhart, herb-sauer und wurde nur durch Garen genießbar. Erst ab dem 17. Jahrhundert gelang es Züchtern in Europa, die harten Steinzellen und Gerbstoffe zu minimieren. Im Gegensatz zum Apfel, bei dem jedes Jahr neue Sorten präsentiert werden, sind die meisten heute noch verwendeten Birnensorten rund 200 Jahre alt und verlässlich gut. Aber auch weil Birnen weniger gut haltbar sind, haben sie es nicht zu einer vergleichbaren Sortenvielfalt gebracht. Nicht nur sprichwörtlich soll man Äpfel nicht mit Birnen vergleichen. Botanisch zählen zwar beide zum Kernobst und auch zu den Rosengewächsen, Kultur und Früchte unterscheiden sich aber: Birnbäume brauchen warme, sonnige Standorte, denn sie sind wärmebedürftiger als Apfelbäume. Birnen sind säureärmer und magenfreundlicher als Äpfel und sollen wie diese mit der Schale gegessen werden, da die wertvollsten Inhaltsstoffe direkt darunter liegen. Die Früchte der Apfelbirne oder Nashi haben nicht die typische Form von Birnen, sondern ähneln eher Äpfeln. Das Fruchtfleisch ist fest und dabei trotzdem sehr saftig. Die Bäume sind auch bei uns gut frosthart.

## *Boden, Standort & Kultur*

Birnbäume benötigen ein mildes Klima sowie einen warmen, locker-humosen und durchlässigen Boden, spät reifende Sorten sind daher für raue Lagen ungeeignet. Am besten gedeihen sie auf Südhängen oder etwas geschützt, beispielsweise an einer Hausmauer. Weil sie noch vor den Äpfeln blühen, ist

bei der Standortwahl der Birnen die Blütenfrostgefahr besonders zu berücksichtigen.
Ein Birnbaum kann auf Quitte oder Birne veredelt sein. Weil Quitten aber keinen hohen Kalkgehalt vertragen, muss man sich vor dem Kauf erkundigen, worauf der Baum veredelt wurde.
Wenn die Blätter des Birnbaumes leuchtende, orangefarbene Flecken aufweisen, steckt der Birnengitterrost dahinter. Dieser Pilz wechselt seine Wirtspflanzen: Im Winter ist er an Wacholderarten zu finden, im Frühjahr geht er auf den Birnbaum über. Wachsen im Umkreis von bis zu 200 Metern keine Wirtspflanzen, kann er auch nicht übertragen werden. Der Birnengitterrost schwächt den Baum aber nur bei sehr starkem Befall.

## *Für eine gute Ernte*

Birnenblüten sind wie Apfelblüten selbststeril, bilden also allein keine Früchte aus, sondern brauchen dazu eine zweite Sorte mit ähnlicher Blütezeit. Natürlich reicht es für die Befruchtung auch, wenn ein passender Birnbaum in der Nachbarschaft steht. Zwei Bäume der gleichen Sorte nebeneinander zu setzen, funktioniert allerdings nicht. Als Pollenspender sind nicht alle Sorten geeignet, am besten lässt man sich in

einer Baumschule oder Gärtnerei beraten. Williams Christbirne und Gute Luise beispielsweise sind »intersteril« und bringen daher, obwohl sie von der Blütezeit her zusammenpassen, keine Früchte.
Auch bei den Nashis braucht man zur Befruchtung zwei verschiedene Sorten, oder man setzt einen Birnbaum dazu. Ab dem zweiten Jahr nach der Pflanzung kann man im Herbst erste Früchte ernten.

### Die Hirschbirne

*Im steirischen Pöllautal wird seit langer Zeit eine alte Birnensorte kultiviert – die Hirschbirne. Die knorrigen Bäume sind äußerst frosthart und prägen die Landschaft. Aus den Früchten werden allerlei Köstlichkeiten hergestellt, darunter auch »Kletzen«. Diese gedörrten Birnen gehören in ein traditionelles Kletzenbrot unbedingt hinein. Während der Trocknung färben sie sich dunkelbraun und bekommen ihr typisches Aussehen. Zucker, die meisten Vitamine, Biophenole und Aromen bleiben dabei erhalten. Deswegen schätzte man die Kletzen früher als süße Abwechslung im winterlichen Speiseplan ganz besonders.*

## *Sortenwahl & Sortentipps*

Birnen reifen zwischen August und Oktober, man unterscheidet dabei zwischen Sommer- (S), Herbst- (H) und Winterbirnen (W). Die frühen Sommersorten sind eine hervorragende Nascherei, eignen sich auch zum Einkochen, sind aber kaum lagerfähig. Um Birnen im Winter zu essen, sollte man daher zu späten Sorten greifen.

### *Boscs Flaschenbirne oder Kaiser Alexander (H)*

Früchte mit länglicher Form, grünlichgelb und zimtbraun berostet; sehr saftig, süß und edel gewürzt; Ernte ab Mitte September, genussreif Ende Oktober bis November, lagerfähig bis Februar

### *Clapps Liebling (S)*

Gelblichgrüne, sonnseits rötliche Früchte; süßer Geschmack mit angenehmer Würze; robust und auch für raue Lagen geeignet; pflückreif Mitte bis Ende August, genussreif ab Ende August

### *Gellerts Butterbirne (H)*

Bronzefarbene, saftig schmelzende, fein gewürzte Früchte; auch für raue Lagen geeignet; pflückreif ab Anfang September, zwei Wochen später genussreif, geringe Lagerfähigkeit

***Kosui (H) Nashi, Asienbirne***

Früchte mit apfelähnlicher Form, gelbbraun berostet; süß und sehr saftig, honigartiges Aroma; Mitte September pflückreif, sofort nach der Ernte genussreif, lagerfähig bis Dezember

***Pastorenbirne (W)***

Früchte länglich, grüngelb, saftig und mit feiner Säure; für warme und geschützte Lagen; Ernte ab Oktober, genussreif und lagerfähig von Oktober bis Jänner

***Novembra (W)***

Große grüngelbe Früchte; saftig mit feinem Aroma; pflückreif ab Ende September, genussreif ab November, lagerfähig bis Februar

***Shinseiki (S) Nashi, Asienbirne***

Früchte gelb-hellorange mit cremeweißem Fleisch; zart, saftig und süß; pflück- und genussreif Anfang August bis Ende September

***Uta (H)***

Goldbraune, berostete Früchte; saftig schmelzend, süß-säuerlich, stark aromatisch; für gute Böden in geschützten Lagen; Reifezeit Oktober, lagerfähig bis Jänner

***Williams Christ (S)***

Früchte gelbgrün bis gelb; saftig, süß-säuerlich, stark gewürzt; Mitte August pflückreif, zwei Wochen später genussreif und bis zu vier Wochen lagerfähig; anfällig für Birnengitterrost

## *Ernten & Lagern*

Birnen erntet man, indem man die Frucht über den Stiel nach oben dreht, dann löst sich dieser von selbst vom Baum. Er soll unbedingt an der Frucht bleiben, weil die Birne sonst nur noch kurz haltbar ist und sofort gegessen oder verarbeitet werden muss. Birnen reagieren bei der Lagerung sehr stark auf Temperaturen – je kühler der Raum, desto besser – gerade noch frostfrei ist optimal. Frühe Sorten werden schnell weich und müssen rasch verspeist werden, späte, ab Oktober reifende Sorten sind lagerfähig. Lagerobst wird generell einige Tage vor der Vollreife gepflückt, da es dann besser haltbar ist.

# Kirschen

# *Kirschen, das rote Gold*

*»Wenn die Kirschen reif sind, braucht man den Spatzen keinen Boten zu schicken.«*

*»Wer gern Kirschen isst, lernt bald klettern.«*

## *Eine kurze Kulturgeschichte*

Unsere heutigen Kirschen und Weichseln sind aus der Steinweichsel hervorgegangen. Der griechische Philosoph und Naturforscher Theophrastos erwähnte Kirschen erstmals etwa 300 v. Chr., auch wenn die Früchte damals noch klein und sauer waren. Der als Gourmet bekannte römische Feldherr Lucullus brachte 70 v. Chr. die Kirsche von seinen Feldzügen aus Kleinasien mit nach Rom.

Kirschen werden in Süß- und Sauerkirschen (Weichseln) eingeteilt. Weichselbäume werden nicht so groß und auch die Früchte bleiben kleiner als die der Süßkirschen. Letztere kann man nochmal unterschieden – in Herzkirschen und Knorpelkirschen. Herzkirschen sind meist früh blühend, die Früchte dunkelrot und besonders süß und saftig. Sie sollten direkt vom Baum gegessen werden, da sie auf Transport und Lagerung empfindlich reagieren. Knorpelkirschen haben ein festeres, knackiges Fruchtfleisch und oftmals eine hellere oder auch gelbe Farbe. Sie sind besser transportierbar als die Herzkirschen – fast alle im Handel erhältlichen Kirschen fallen in diese Kategorie.

## *Boden, Standort & Kultur*

Für Kirschbäume sind lehmige bis sandige, gut durchlüftete Gartenböden ideal, denn Staunässe mögen sie gar nicht. Auch auf hohe Luftfeuchtigkeit reagieren sie empfindlich, ein sonniger und luftiger Platz im Garten ist daher zu empfehlen. Kälte ist für Kirschbäume kein begrenzender Faktor, hier sind sie robust und vertragen auch sehr tiefe Wintertemperaturen bis zu -20 °C problemlos. Welke und abgestorbene Äste sollten bei Kirschen und Weichseln immer sofort großzügig entfernt werden, als Maßnahme gegen die Monilia-Spitzendürre.

## *Für eine gute Ernte*

Die meisten Kirschsorten brauchen eine geeignete, etwa zur gleichen Zeit blühende Befruchtersorte, nach der man sich beim Kauf erkundigen sollte. Ausgenommen sind selbstfruchtbare neuere Sorten wie etwa Sweetheart, Lapins, Celeste und Sylvia. Sie eignen sich auch als Befruchtersorten für alle gleichzeitig blühenden Sorten.

## *Sortenwahl & Sortentipps*

In spätfrostgefährdeten Lagen sollte man spät blühende Sorten wie zum Beispiel Hedelfinger Riesenkirsche, Große Germersdorfer und Regina wählen, damit Kälteeinbrüche keine Frostschäden bewirken.
Die Reifezeit bei Kirschen wird in »Kirschenwochen« angegeben. Sie sind als Richtlinie zu sehen, es gibt regionale Unterschiede, die von Klimabedingungen, Standort und anderen Faktoren abhängen. Als erste Kirschenwoche gilt üblicherweise die letzte Maiwoche, daraus leiten sich alle weiteren Kirschenwochen ab. Insgesamt gibt es – je nach Witterung – sechs bis sieben Kirschenwochen. Die Einteilung nach der Reifezeit ist wichtig, wenn man sichergehen will, »wurmfreie« Kirschen zu ernten. Die Würmer sind Larven der

Kirschfruchtfliege, die ihre Eier ab Ende Mai/Anfang Juni nur in unreife, gelbe bis hellrote Früchte ablegt. Frühsorten, die bis zu Beginn der dritten Kirschenwoche reifen wie zum Beispiel Kassins Frühe, Bigarreau Moreau und Burlat, haben zum Zeitpunkt der Eiablage dieses Reifestadium schon überschritten und bleiben verschont.

**Gelbtafeln**

*Bei gefährdeten Kirschsorten kann man einen Teil der Kirschfruchtfliegen mit gelben Leimtafeln abfangen. Färben die Kirschen von Gelb auf Rot, hängt man sie in die Baumkrone. Die weiblichen Tiere werden von der gelben Farbe angelockt und bleiben an den Tafeln kleben. Da dabei aber auch andere Insekten gefangen werden, muss man die Leimtafeln sofort nach der Ernte entfernen.*

## *Süßkirschsorten*

Knorpelkirsche (KK), Herzkirsche (HK), Kirschenwoche (KW), Befruchtersorten (BF)

### *Bigarreau Moreau (KK)*

Frühe Blüte, leuchtend rote Früchte (KW 1–2); auch für trockenere Standorte, BF: Kassins, Prinzessinkirsche

### *Burlat (HK)*

Mittelfrühe Blüte, sehr große dunkelrote Früchte (KW 2); robust, BF: Kassins, Germersdorfer

### *Germersdorfer Riesenkirsche (KK)*

Mittelspäte Blüte, dunkelrote Früchte (KW 4–5); BF: Prinzessinkirsche, Hedelfinger, Regina

### *Große Schwarze Knorpelkirsche (KK)*

Späte Blüte, braunviolette Früchte (KW 6); BF: Germersdorfer, Schneider

### *Hedelfinger (KK)*

Mittelspäte Blüte, braunrote Früchte (KW 6–7); auch für kühlere Lagen; BF: Germersdorfer, Kordia

### *Kassins Frühe (HK)*

Mittelfrühe Blüte, dunkelrote Früchte (KW 1–2); sehr robust und gesund; BF: Bigarreau Moreau, Burlat, Prinzessinkirsche

### *Kordia (KK)*

Mittelspäte Blüte, gelbrote Früchte (KW 6); robust; BF: Hedelfinger

### *Lapins (KK)*

Mittelfrühe Blüte, dunkelrote Früchte (KW 6–7); selbstfruchtbar; als BF für gleichzeitig blühende Sorten geeignet

### *Prinzessinkirsche (KK)*

Mittelfrühe Blüte, gelbrote Früchte (KW 4–5); BF: Kassins, Germersdorfer

### *Regina (KK)*

Späte Blüte, dunkelrote Früchte (KW 7); gesund und robust; BF: Kordia, Sam

## *Weichselsorten*

### *Köröser II*

Dunkelrote, sehr große Früchte (KW 3–4); BF: Kassins, Germersdorfer, Große Schwarze Knorpelkirsche

### *Morellenfeuer*

Dunkelrote Früchte (KW 5–6); selbstfruchtbar, zweite Sorte erhöht aber den Ertrag

### *Schattenmorelle*

Dunkelbraun-rote Früchte (KW 6–7); selbstfruchtbar, zweite Sorte erhöht aber den Ertrag

## *Ernten & Lagern*

Kirschen müssen am Baum ausreifen, um ihren vollen Geschmack zu erreichen. Dieser optimale Reifezustand ist aber nur für wenige Tage gegeben, daher sollte man Kirschbäume täglich »durchpflücken«. Beim Ernten müssen die Stiele an den Früchten bleiben, sonst kommt es zu Saftverlust und rascher Fäulnis. Kirschen sollten möglichst rasch verarbeitet werden, auch im Kühlschrank sind sie nur ein bis zwei Tage haltbar. Sind die Früchte erst einmal geerntet, reifen sie nicht mehr nach.

So süß die Kirschen schmecken, so gesund sind sie auch: Die enthaltenen sekundären Pflanzeninhaltsstoffe fungieren im Körper als Antioxidantien und helfen bei der Abwehr von Krankheiten. Karotin stärkt das Immun- und Nervensystem, Mineralien unterstützen den Aufbau von Knochen und Zähnen. Nur eines sollte man vermeiden: Allzu viele Kirschen mit allzu viel Wasser zu sich zu nehmen. Die Hefekeime aus den Früchten bringen den enthaltenen Zucker zum Gären – und dann kann es im Bauch rumoren.

# Marillen

# Marillen, rundes Glück

*»Gewitter im Mai bringen viele Früchte herbei!«*

*»Einen Baum mit reifen Früchten darf man nur leise schütteln.«*

## Eine kurze Kulturgeschichte

Als Urheimat der Marille gilt China. Schon vor 4000 Jahren kultivierte man dort die Früchte aus der Familie der Rosengewächse. Sie dienten getrocknet als haltbares, nährstoffreiches und wohlschmeckendes Lebensmittel. Alexander der Große brachte sie nach Griechenland und Italien. Vom römischen Reich ausgehend, gelangte der Marillenbaum auch in den Donauraum und in die Wachau. Auf der Donau gelangten die Zillen-Boote mit den frischen Früchten nach der Ernte binnen eines Tages auf die Märkte in Wien. Seither ist die Wachau mit ihrem warmen Weinbauklima für das einzigartige Aroma der hier geernteten Früchte bekannt.

## *Boden, Standort & Kultur*

Marillenbäume sind an ihren Standort anspruchsvoll, sie bevorzugen leichte, durchlässige Böden in warmen, geschützten Lagen. Früchte gibt es meist nur an Plätzen mit spätem Austrieb, an denen die Blüten nicht von Spätfrösten erwischt werden, also nicht in Südlage. Besonders an tief gelegenen, feuchten Standorten kann es zum »Schlagtreffen« kommen: Einzelne Äste oder ganze Bäume können schlagartig welken und innerhalb kurzer Zeit absterben. Grund dafür ist meist die Summe mehrerer Stressfaktoren wie Kälteschäden, ungünstiger Standort, Düngungsfehler und ein übermäßiger Fruchtbehang. Vorbeugend sollte man daher bei der Pflanzung auf den richtigen Standort achten, bei zu starkem Fruchtbehang ausdünnen und Überdüngung, besonders mit Stickstoff, vermeiden.

## *Für eine gute Ernte*

Bei Marillen gibt es sowohl selbstfruchtbare Sorten, zum Beispiel Ungarische Beste, Bergeval, Klosterneuburger Marille, Bergeron, Tardicot, aber auch selbststerile wie Aurora, Goldrich und Frühmarille aus Kittsee. Das Problem der oft schlechten Befruchtung liegt in der frühen Blütezeit. Oft werden die Blüten durch Frost im Frühling geschädigt. Nur in spätfrostfreien Lagen ist die Ernte verlässlich gesichert.

## *Sortenwahl & Sortentipps*

### *Aurora®*

Sehr aromatische Marille, besonders reichblühend, trotz früher Blüte sehr ertragreich; Reifezeit: Mitte bis Ende Juli

### *Bergeval®*

Großfruchtige Sorte; ausgesprochen süß und besonders aromatisch; Reifezeit: Anfang Juli

### *Bergeron*

Sehr spätblühend und frostfest; geschmacklich sehr ähnlich der Ungarischen Besten, aber ertragssicherer; Reifezeit: Anfang bis Mitte August

### *Frühmarille aus Kittsee*

Süße, zarte, sehr saftige und aromatische Marille; wegen der frühen Blüte nur für beste Marillenlagen geeignet; Reifezeit: Anfang Juli

### *Klosterneuburger Marille*

Alte, bewährte Sorte, hocharomatisch, saftig, beginnt spät zu blühen; Reifezeit: Mitte bis Ende Juli

### *Pinkcot®*

Reift früh, ist sehr frostfest, reichtragend und wunderschön gefärbt; Reifezeit: Ende Juli

### *Ungarische Beste*

Alte, bewährte Sorte, hocharomatisch, hoher Ertrag, muss nicht so intensiv ausgedünnt werden; Reifezeit: Mitte bis Ende Juli

## *Ernten & Lagern*

Marillen reifen nach der Ernte nicht nach; für ein volles Geschmackserlebnis sorgen also nur vollreif geerntete Früchte. Reife Marillen enthalten circa 85 Prozent Wasser und sind deshalb nur kurze Zeit lagerfähig – lediglich wenige Tage im Gemüsefach des Kühlschrankes sind möglich. Früchte mit Druckstellen muss man noch rascher verarbeiten, sonst beginnen sie zu faulen. Gut, dass es für die Sonnenfrucht so vielfältige Möglichkeiten der Verwertung gibt – von Marmelade über Saft und Kompott bis zum Dörren im Backofen.

# Zwetschken

# Zwetschken, süße Köstlichkeiten

*»Aus den Träumen des Sommers wird im Herbst Marmelade gemacht.«*

## Eine kurze Kulturgeschichte

Zwetschken waren bereits in der Antike bekannt und wurden um 150 v. Chr. vom römischen Reich aus in Europa verbreitet. Pflaumen und Zwetschken unterscheiden sich oft nur geringfügig, da es viele Kreuzungen gibt. Die Zwetschken bilden eine Unterart der Pflaume und sind eng mit Ringlotte, Kriecherl und Mirabelle verwandt. Echte Pflaumen haben eine runde bis ovale Form, ihr Fruchtfleisch ist fest mit dem Kern verwachsen, während die Früchte der Zwetschken eher spitz zulaufen und sich leicht vom Kern lösen lassen. Dann gibt es noch die kleinen, runden, gelben Mirabellen und die gelben, grünen oder rötlichvioletten Ringlotten (auch Reneklode oder Reineclaude). Letztere verdanken ihren Namen der französischen Königin Claude (franz. *reine* bedeutet Königin), die im 15. Jahrhundert lebte und zu deren Zeit die Frucht in Frankreich erstmals gezüchtet wurde.

## *Boden, Standort & Kultur*

Zwetschken sind recht anspruchslos. Sie gedeihen auf sonnigen Standorten mit tiefgründigen, nährstoffreichen, nicht zu trockenen Böden und sind gut frosthart. Wenn Zwetschkenbäume in manchen Jahren weniger tragen, liegt das oft an Spätfrösten und einem nasskalten Frühling, unter dem die Blüten gelitten haben. Vor der unangenehmen Viruskrankheit Scharka schützt man sich durch die Wahl toleranter Sorten. Der relativ häufig auftretenden Zwetschken-Sägewespe, die sich durch Bohrlöcher an den Früchten zeigt, kann man durch Spritzungen mit Rainfarntee unmittelbar nach dem Blütenblätterfall Herr werden.

## *Für eine gute Ernte*

Manche Zwetschkensorten sind selbstfruchtbar, die meisten jedoch benötigen in der näheren Umgebung eine zweite Sorte zur Befruchtung. Echte Pflaumen, Zwetschken, Mirabel-

len und Ringlotten können sich gegenseitig bestäuben. Aber auch die zierende Kirschpflaume (Prunus cerasifera) liefert geeignete Pollen.

## *Sortenwahl & Sortentipps*

### *Cacaks Schöne*

Reifezeit Anfang bis Mitte August; sehr gut steinlösliche und duftende Früchte, ideale Backzwetschke; sehr ertragreich, selbstfruchtbar und scharkatolerant

### *Hanita®*

Reifezeit Mitte bis Ende August; gut steinlösliche, duftende Früchte mit hervorragendem Geschmack; scharkatolerant, selbstfruchtbar

### *Haroma®*

Reifezeit Anfang bis Ende September; mittelgroße, hoch aromatische Früchte; selbstfruchtbar und scharkatolerant

### *Hauszwetschke*

Reifezeit September; kleine, aber geschmacklich unübertroffene Früchte, gut steinlöslich und haltbar; selbstfruchtbar, aber nur in scharkafreien Gebieten zu empfehlen

### *Jojo®*

Reifezeit Ende August bis Mitte September, kann sehr lange am Baum hängen bleiben; gut steinlösliche Früchte, geschmacklich sehr gut; gegen Scharka immun, selbstfruchtbar

### *Katinka®*

Reifezeit Mitte Juli bis August; gut steinlösliche Früchte mit ausgezeichnetem Geschmack, ideale Backzwetschke; scharkatolerant, selbstfruchtbar

## *Ernten & Lagern*

Zwetschken verursachen kaum Erntestress: An der sonnigen Südseite des Baumes und am Kronenrand reifen die ersten Früchte, später erst jene im Inneren, wo weniger Licht hinkommt. Ob die Zwetschken wirklich reif sind, kann man mit den Fingern prüfen: Die Früchte sollten auf Druck leicht nachgeben. Alle Früchte schützt eine Reifschicht auf der Schale, der sogenannte »Duftfilm«, vor dem Austrocknen. Zwetschken eignen sich auch zum Einfrieren, Dörren und zur Kompott- und Marmeladeherstellung sehr gut.

# *Über die Autorin*

**Elke Papouschek** ist ausgebildete Gartenexpertin und als Journalistin, Redakteurin, Buchautorin, Lektorin, Fotografin und Magazinproduzentin tätig. Ihre Arbeit und der eigene Schrebergarten sorgen dafür, dass sie sich jeden Tag den schönsten Themen widmen kann: Garten, Natur & Freizeit.

MIX
Papier aus verantwortungsvollen Quellen
FSC® C012536
www.fsc.org

PRINTED IN AUSTRIA

 Satz aus der Hoefler Text und The Sans. · Medieninhaber, Verleger und Herausgeber: Red Bull Media House GmbH · Oberst-Lepperdinger-Straße 11–15 · 5071 Wals bei Salzburg, Österreich · Gestaltung und Satz: wir sind artisten · Bilder: Cover: istockphoto/Jurgute; Innenteil: S. 6: istockphoto/photosvit, S. 9: Elke Papouschek, S. 10/11: istockphoto/alice dias didszoleit, S. 13: mauritius images / McPhoto/Rolf Mueller / Alamy / Alamy Stock Photos, S. 15: istockphoto/baza178, S. 21: Heinz Hauser/botanikfoto, S. 22: istockphoto/triocean, S. 26/27: istockphoto/taikrixel, S. 30: istockphoto/stocksnapper, S. 33: istockphoto/stocksnapper, S. 37: istockphoto/VW84, S. 38/39: istockphoto/Joseph Thäle, S. 47: istockphoto/noonika, S. 48/49: Flora Press/Ruth de Boer, S. 52: istockphoto/mgstudyo, S. 59: istockphoto/baza178, S. 60/61: istockphoto/fcafotodigital, S. 63: istockphoto/SH, S. 66: istockphoto/nevodka, S. 68/69: istockphoto/Kinek00, S. 72: istockphoto/Anna Zheludkova, S. 75: istockphoto/gaffera

Printed in Austria
ISBN 978-3-7104-0307-1